南极 北极

南极和北极的人

刘晓杰 ◎ 主编

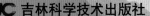
吉林科学技术出版社

图书在版编目（CIP）数据

南极北极. 南极和北极的人 / 刘晓杰主编. -- 长春：
吉林科学技术出版社，2021.8
ISBN 978-7-5578-6741-6

Ⅰ. ①南… Ⅱ. ①刘… Ⅲ. ①南极—儿童读物②北极
—儿童读物 Ⅳ. ①P941.6-49

中国版本图书馆CIP数据核字(2019)第295102号

南极北极·南极和北极的人

NANJI BEIJI · NANJI HE BEIJI DE REN

主　　编	刘晓杰
出 版 人	宛　霞
责任编辑	周振新
助理编辑	郭劲松
封面设计	长春市一行平面设计公司
制　　版	长春市阴阳鱼文化传媒有限责任公司
插画设计	杨　烁
幅面尺寸	226mm×240mm
开　　本	12
字　　数	50 千字
印　　张	2
印　　数	6 000 册
版　　次	2021年8月第1版
印　　次	2021年8月第1次印刷

出　　版	吉林科学技术出版社
发　　行	吉林科学技术出版社
地　　址	长春市福祉大路5788号出版大厦A座
邮　　编	130118
发行部电话/传真	0431-81629529　81629530　81629531
	81629532　81629533　81629534
储运部电话	0431-86059116
编辑部电话	0431-81629517
印　　刷	长春百花彩印有限公司

书　　号	ISBN 978-7-5578-6741-6
定　　价	19.90元

北极地区生活着很多古老的民族，他们在这片冰雪覆盖的土地上居住了几千年的时间。他们延续自己民族传承下来的生活方式对抗着严寒，其中最为古老神秘的民族就是因纽特人。

除了因纽特人，北极最具代表性的两个民族就是拉普人和阿留申人。

拉普人主要居住在挪威、瑞典、芬兰和俄罗斯境内的北极地区，自称"萨阿米人"。他们在环境严酷的北极地区自我封闭地生活了几个世纪，以擅长驯养驯鹿而闻名于世。

阿留申人主要生活在北美洲、亚洲的北部。和生活在北极的其他民族一样，阿留申人主要以狩猎鲸、海獭、海狮、海豹、海象、驯鹿及熊为生。阿留申人还是北极地区出名的水手，他们用海豹皮制造的小皮舟和大木框船，帮助他们在北极海域捕猎鲸鱼这种大型海兽。

因纽特人是北极地区最为人们熟知的民族，他们从亚洲地区历经两次大的迁徙进入北极地区，并在这里居住了 4000 多年。

因纽特人从前被称为"爱斯基摩人"。"爱斯基摩"一词是由印第安人首先叫起来的，即"吃生肉的人"。2004 年因纽特人发布了一个声明，为自己正名。

因纽特人是地地道道的黄种人。但由于长时间居住在寒冷的北极，为了适应居住环境，他们在体态上发生了一些变化。

面部宽大，颊骨显著突出，眼角褶皱非常明显。

四肢短，躯干大，这可以让他们体内的热量不会很快地流失，比普通人更加耐寒。

据说大约在 5000 年前，因纽特人的祖先穿越横跨西伯利亚和阿拉斯加的陆桥来到了美洲大陆。

大约 4500 年前
来到加拿大北极地区。

4000~4500 年前
来到格陵兰岛。

因纽特人之所以进行这么大规模、长距离的迁徙，主要是因为当时的气候环境使得大量的麝牛和驯鹿北迁，他们是尾随这些猎物一步一步迁徙到北极来的。

经过了数千年的迁徙，现今因纽特人的生活地区已经相对固定。据统计，目前因纽特人总人口约 13 万。

因纽特人虽然是一个古老的民族，但却没有建立自己的国家，他们分散在北极圈内不同的地方，如格陵兰、美国的阿拉斯加、加拿大北部以及俄罗斯白令海峡一侧。

由于因纽特人居住的分散，所以他们民族内部的文化和生活习俗都有很大的差异。

居住在西部地区（美国阿拉斯加和加拿大北部）的因纽特人比生活在东部的因纽特人物质生活水平和文化水平都要更高一些，生活方式更加先进，这也导致了北极圈西部生态环境要好于东部——因为生活在这里的因纽特人不再只是依靠狩猎为生了！

作为一个古老而封闭的民族，因纽特人一直坚守着一些独特的风俗习惯。

每个因纽特人居住的村落里都有巫师，这些巫师是村落里最重要的人物。因纽特人认为巫师的灵魂可以暂时离开身体，和神灵进行沟通。

除了与神灵沟通，预测天气，巫师还经常组织特殊的占卜仪式：巫师把村民们集中在一个黑暗的屋子里，然后从自己的包里拿出一个小木偶，一个小帐篷和一盏油灯。巫师先把木偶和灯放在小帐篷里，然后开始击鼓吟唱。吟唱结束后，巫师将帐篷内的灯点亮，这时木偶会站立起来，四处走动。大家可以透过帐篷看到走动的木偶的影子。随后巫师开始和木偶对话，说着一些别人听不懂的语言。几分钟的对话结束后，木偶躺倒，灯也灭了。巫师再次击鼓吟唱宣告祭祀结束。当然这只是巫师欺骗村民的一种小魔术，木偶并不会真的自己走动，也不会和巫师对话。

为了适应北极的环境，因纽特人在漫长的岁月中演化出一套自己独特的装束来抵御严寒。

驯鹿皮皮衣

因纽特人会把衣服的毛向外套在身上，皮袄带有连衣帽，这样既保暖，又抵御风寒，还可以防止热量从上部流失。他们还会在皮衣里面再套一件海豹皮或者海鸟皮制成的紧身衣。

北极熊皮的裤子

和衣服一样，因纽特人会把裤子的毛向外穿上，把裤子塞进靴子里，把裤腿紧紧地扎上，这样就可以尽量减少热量流失。

宽大的连指手套

他们的连指手套非常宽大，手套的末端一直延伸到大衣的袖子里。因为外衣很大，特别冷的时候，可以把手缩进衣服里暖和暖和。

动物皮毛制成的圆兜帽

一般因纽特人会用狐狸皮或者北极狼皮做成圆兜帽，然后把帽子紧紧地勒在头上。这样既可以保护面部不被冻伤，还可以防止冷空气从上面进入。

海豹皮制成的靴子

因纽特人在非常寒冷的天气下可以穿上好几双这种鞋子，海豹皮制成的鞋子非常轻软，即使套上好几层也不会感觉行动不便。

冰屋是因纽特人标志性的建筑，但不是所有地区的因纽特人都会建造冰屋。冰屋是居住在加拿大北部的因纽特人独创的。

1. 建造一座冰屋首先要选择质地均匀、软硬适中的雪地，然后估算出冰屋的大小，制作出大小适宜的雪砖。

2. 雪砖制作完成后，按照估算出的大小摆成一圆圈，然后按照螺旋的方向一块一块向上堆砌。

3. 把冰屋做成一个圆顶状，
记住要留出一个换气孔。

4. 冰屋的入口一方面可以
阻绝冷空气的进入，另一方面
可以汇聚暖空气。

虽然很多地区的因纽特人已经渐渐接受了现代文明带给他们的便利，但他们仍旧保持着一部分传统的生活习惯。

狩猎是因纽特人自古以来一直保持的传统生活习惯，海豹、驯鹿、鲸鱼都是他们的猎物。虽然这些动物很多都被人类列为保护动物，但是因纽特人却仍享有狩猎权。

海豹是因纽特人赖以生存的食物。因纽特人对海豹有着超出常人的敏锐嗅觉，他们经常能在冰天雪地之中找到海豹的踪迹。

狩猎海豹可不是一件容易的事情，因为海豹多数情况下是在水里生活的，而因纽特人总有方法找到海豹的呼吸孔。找到海豹的呼吸孔之后，要做的事情就是耐心地等待。等到海豹游到呼吸孔的时候，因纽特人会用鱼叉（现在有的因纽特人会用枪）将海豹猎杀。

为了在环境严酷的北极可以畅通无阻地出行，因纽特人有着和我们截然不同的出行方式。

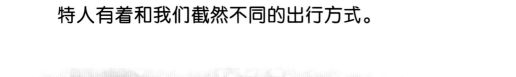

狗拉雪橇

雪橇是因纽特人冬季最常见的出行方式。很多因纽特人虽然习惯选择步行，但是如果长途奔袭，还是会选择雪橇。

皮划艇

因纽特人的水上交通工具——皮划艇非常有特色。他们会先用木头做成框架，然后用海豹皮或海象皮覆盖其上。这种皮划艇的船体既轻又防水。因纽特人的皮划艇分为两种：一种是简易的敞篷船，这种皮划艇可同时载 900 千克货物和 8 个人；另一种是底部带有货仓的船，这种皮划艇主要用于狩猎，船体只能容纳一人，这样可以更多地装载猎捕到的食物。

现在有将近70%的因纽特人已经住进了固定的居所，再也不用在冰天雪地中来回奔波了。楼房取代了原来的帐篷和冰屋。很多村落还建设了学校、医院、商店等设施。

从 20 世纪 20 年代至 70 年代，因纽特人受到了现代文明的影响，渐渐接受了现代化的生活方式。

虽然有极少数的因纽特人还沿袭着古老的狩猎习惯，但他们也不再使用那些古老的工具了。汽车取代了雪橇，渔船取代了皮划艇，猎枪取代了弓箭、长矛。因纽特人也渐渐习惯了食用烹饪过的食物。

与北极不同，南极真的是一片不毛之地，那里是地球上唯一没有常驻居民的大陆，但是从古至今它的神秘却吸引着大批的探险家、科考人员。虽然南极大陆危机重重，人们对于南极的探险、考察却从未停止过。